AF385254

A Messieurs les Députés à l'Assemblée nationale

LES
VOIES FERRÉES DES ALPES

DANS

L'AVENIR DE L'EUROPE

ET NOTAMMENT

POUR

LA FRANCE, L'ALLEMAGNE, LA SUISSE & L'ITALIE

I

CONSIDÉRATIONS SOMMAIRES

au sujet de Notes diplomatiques
des 16, 17, 20, 24 et 27 janvier publiées par les journaux
suisses

ET RELATIVES

A LA VOIE FERRÉE DU SIMPLON

PARIS

IMPRIMERIE WIESENER. — LUTIER ET COMPAGNIE

36, RUE DELABORDE, 36

1873

LES
VOIES FERRÉES DES ALPES

DANS

L'AVENIR DE L'EUROPE

ET NOTAMMENT

POUR

LA FRANCE, L'ALLEMAGNE, LA SUISSE & L'ITALIE

I

CONSIDÉRATIONS SOMMAIRES

au sujet de Notes diplomatiques
des 16, 17, 20, 24 et 27 janvier publiées par les journaux
suisses

ET RELATIVES

A LA VOIE FERRÉE DU SIMPLON

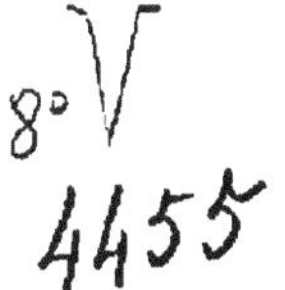

PARIS
IMPRIMERIE WIESENER. — LUTIER ET COMPAGNIE
16 RUE DELABORDE, 36
1873.

CONSIDÉRATIONS SOMMAIRES

Au sujet des

NOTES DIPLOMATIQUES DES 16, 17, 20, 24 ET 27 JANVIER

Publiées par les journaux Suisses

et relatives à la

VOIE FERRÉE DU SIMPLON

Février 1873.

I

**Les intérêts considérables attachés à la voie ferrée du Simplon
qui sont gravement menacés par des difficultés et des hostilités
injustifiables ont éveillé la solicitude des Gouvernements Français et Italien et amené leur intervention diplomatique.**

Les négociations diplomatiques engagées entre le Gouvernement français, le Gouvernement italien et la Confédération suisse au sujet des Chemins de fer de la Ligne d'Italie par le Simplon ont donné lieu, à la suite de plusieurs communications verbales, entre les représentants de ces trois Etats, à des Notes diplomatiques que les journaux suisses viennent de publier sans attendre la fin des négociations.

Cette publication prématurée a révélé en partie le but que l'on se propose d'atteindre en Suisse au sujet du passage du Simplon et fait connaître quelques-uns des moyens employés pour l'obtenir.

La grande voie ferrée du Simplon avec son souterrain au niveau de la plaine, réunissant les réseaux ferrés de l'Italie avec ceux de la Suisse et de la France, est la Ligne à travers les Alpes qui, dans la direction de Brindisi et de l'Isthme de Suez, présente incontestablement le trajet le plus court et l'exploitation la plus facile.

Dans les conditions faites à cette Ligne internationale

par vingt années d'efforts persévérants et plus de trente
millions français, les intérêts commerciaux de la France,
de la Suisse et de l'Italie étaient merveilleusement des-
servis et la France n'avait plus rien à redouter du Chemin
du Saint-Gothard.

Le Conseil fédéral actuel veut changer ces conditions,
il veut modifier à son gré la voie ferrée du Simplon, la
maintenir dans sa dépendance absolue, il veut enlever à la
France tous les avantages que lui assurent les Contrats.

Ce ne sont pas seulement les droits les plus sacrés
d'une Compagnie, mais les intérêts les plus élevés et les
plus graves de la France et de l'Italie, ceux de la
Suisse elle-même qui seraient sacrifiés par les nouvelles
combinaisons du Conseil fédéral relatives au Simplon et
par les actes arbitraires examinés dans la Note du Gouvernement français.

Après la publicité donnée en Suisse à ces Notes diplomatiques, il n'y a certainement pas d'indiscrétion à
reproduire par extrait et en soulignant quelques mots,
la Note française adressée au Président de la Confédération, qui indique avec quelle sollicitude le Gouvernement, en protégeant ses Nationaux, s'est préoccupé
de l'importance des intérêts français attachés à la voie
ferrée du Simplon.

A SON EXCELLENCE M. CÉRÉSOLE

PRÉSIDENT DE LA CONFÉDÉRATION SUISSE.

« *17 janvier 1873*

« MONSIEUR LE PRÉSIDENT,

« Par suite des résolutions de l'Assemblée fédérale retirant à la Compagnie du
« Simplon *la ratification* qui lui avait été octroyée, DES INTÉRÊTS FRANÇAIS CONSIDÉ-
« RABLE *peuvent être compromis de la manière la plus grave.* Mon gouvernement n'a pas
« pu rester insensible à leurs justes réclamations, il se croit tenu de faire valoir en
leur faveur toutes les garanties qui leur ont été assurées, *soit par la loi, soit par le*
« *Contrat qui les protège;* et c'est en leur nom, sans prétendre à aucun titre s'immiscer
« en quoi que ce soit dans les affaires intérieures de la Suisse, qu'il m'a chargé de
« présenter à Votre Excellence les observations suivantes *en faisant pour l'avenir*
« *toutes réserves en faveur de nos Nationaux.*

« Deux sortes d'engagements, en effet, avaient été contractés par la Compagnie.
« Les uns l'avaient été envers la Confédération, les autres envers l'État du Valais.
« Les premiers avaient trait aux conditions qui ont été mises à la ratification fédérale,
« les autres ont été stipulés par le Cahier des charges et sont de la *compétence du Tri-*
« *bunal arbitral qui a été prévu par l'acte de Concession.* Il semble que les conditions
« qui se lient au droit de ratification devaient seules être visées par l'arrêté de l'As-
« semblée fédérale, les autres ayant pour garantie spéciale la juridiction d'un Tribunal
« d'arbitres. Or ces conditions inhérentes à la ratification définies par la loi sur les

« Chemins de fer (art. 11), *ces conditions relatives à la mise en train des travaux et à la justification financière,* ELLES AVAIENT ÉTÉ REMPLIES.

« C'est du moins ce qui résulte d'un Acte précis d libéré et signé par le Conseil fédéral. la déclaration du 3 janvier 1870.

« *Cette déclaration reconnaît formellement que, soit sous le rapport des travaux, soit sous celui de la justification financière, les conditions exigées par l'Acte du 15 mai 1870* ONT ÉTÉ ACCOMPLIES.

« *Cette ratification est un acte définitif :* elle ne peut être révoquée à moins qu'elle n ait été obtenue par fraude ou par violence. Elle laisse subsister, il est vrai, tous les griefs élevés contre la Compagnie du chef de l'inexécution du Cahier des charges ; mais *ces griefs ne sont plus de la compétence fédérale* ; ils relèvent exclusivement du Tribunal arbitral et l'on ne comprendrait pas pourquoi une garantie d'une telle valeur stipulée solennellement par le Cahier des charges serait retirée aux intéressés sans qu'ils aient rien fait pour en perdre le bénéfice.

« Si le retrait de ratification par l'Assemblée fédérale signifiait implicitement la déchéance de la Compagnie du Simplon, comme les faits tendraient malheureusement à le faire pressentir, les intéressés français se verraient sacrifiés d'une manière regrettable et imprévue, car ils seraient ainsi du premier coup, jugés et condamnés en dernière instance (sans avoir eu la première) et sans appel.

« Il ne saurait échapper à Votre Excellence que si *le retrait de ratification* prononcé par l'Assemblée fédérale devait entraîner *la déchéance de la Compagnie* et partant *la ruine des intérêts les plus légitimes,* une semblable procédure aboutirait à un résultat diamétralement opposé aux intentions conciliantes et équitables du Gouvernement suisse, dont Elle a bien voulu être plusieurs fois l'organe vis-à-vis de moi dans l'affaire qui nous occupe.

« *Une déchéance définitive pourrait d'autant moins se justifier* que le Gouvernement du Valais, qui avait des obligations à remplir. et qui, au dire de la Compagnie, ne les aurait pas exécutées, s'était soumis d'avance sur ce point à la décision des Arbitres.

« Ne pourrait-on pas prétendre, dès lors, que le retrait de ratification n'aurait eu, sinon d'autre but, du moins d'autre résultat que celui de préparer la déchéance de la Compagnie, en écartant le Tribunal arbitral, de faire disparaître la Concession et le Cahier des charges avec les garanties qui y sont stipulées, en un mot, de laisser le Gouvernement du Valais JUGE *dans sa propre cause* et PROPRIÉTAIRE DÉFINITIF d'une entreprise dans laquelle il n'était à l'origine qu'un associé commanditaire.

« Je me borne Monsieur le Président, à ces considérations sommaires en insistant sur l'urgence de mesures conservatrices au profit des intérêts qui peuvent se trouver gravement compromis dans cette affaire.

Le Ministre de France à Berne, insiste, en terminant sur la nécessité d'une transaction pour ménager tous les intérêts engagés dans les chemins de fer du Simplon, y compris l'achèvement de cette grande entreprise.

« Mon Gouvernement, dit-il serait heureux de la voir adopter, car il a dû se préoccuper de la situation qui pourrait être faite à ses nationaux et réserver leurs droits C'est en ajoutant à ces observations, l'expression la plus sincère de son esprit de conciliation. ainsi que celle du désir de voir une *transaction équitable,* trancher toute difficulté, qu'il m'a chargé d'adresser cette communication à Votre Excellence. »

Le volumineux dossier mis sous les yeux du Ministre des Affaires Etrangères, ne pouvait laisser aucun doute sur les droits de la Compagnie, sur la stricte exécution de ses engagements, sur l'injustice des mesures arbitraires dont elle est l'objet, en lui enlevant les garanties les plus formelles des Contrats définitivement ratifiés et sur les conséquences funestes que devait avoir pour l'avenir de la voie ferrée du Simplon, la négation des droits acquis, la désastreuse désorganisation projetée des Concessions.

La transaction réclamée par le Gouvernement français était la seule solution équitable qui assurait l'achèvement de la voie ferrée du Simplon en lui conservant les conditions de son caractère international et en sauvegardant les intérêts français, suisses et italiens.

Quels sont donc les motifs reels qui ont fait refuser cette solution amiable par le Conseil fédéral ?

II

La Réponse du Président du Conseil fédéral à la Note du Gouvernement français est une négation absolue de la loi des Contrats, une violation des Traités internationaux et l'affirmation exclusive de l'arbitraire RÉGALIEN.

La réponse faite à la Note diplomatique du Gouvernement français par M. Cérésole, Président de la Confédération, démontre de sa part le parti pris de refuser toute transaction et d'attribuer à l'omnipotence du Conseil fédéral, le droit de disposer, comme bon lui semblera, de la propriété et de l'avenir de la voie ferrée du Simplon.

M. le Président Cérésole accuse le 24 janvier réception de la Note du Ministre plénipotentiaire de France à Berne, puis après l'avoir résumée, il fait la déclaration suivante :

« En remerciant Monsieur le Ministre Lanfrey de ces communications et de l'esprit « qui les inspire, le Conseil fédéral se fait un devoir de lui assurer qu'il est animé du « même desir de concilier les divers intérêts qui sont en jeu dans cette affaire, et que « si la transaction que le Gouvernement français recommande lui paraissait *légalement* « *ment possible et pratiquement avantageuse*, il serait heureux d'entrer de son plein « gré dans la voie indiquée par la Note des 16 et 17 janvier 1873.

« Mais le Conseil fédéral croit devoir le déclarer immédiatement la solution pro-« posée touche à des questions qui sont dans la compétence absolue des Autorités « suisses et sur lesquelles le Conseil fédéral ne peut *ni recevu* NI ENTRER EN DIS-« CUSSION.

« Il ne le pourrait pas avec le Gouvernement d'un Canton suisse. Il le peut encore « moins avec un Gouvernement étranger.

« C'est l'Assemblée fédérale qui, d'après le droit public de la Confédération, est
« juge suprême des questions de compétence qui peuvent surgir entre les divers
« pouvoirs politiques et judiciaires du pays. C'est elle en même temps qui, jusqu'à
« ce jour, a statué souverainement sur les ratifications de toutes les Concessions de
« Chemins de fer accordées en Suisse. C'est elle enfin qui prononce sur les conflits
« en matière de voies ferrées et qui juge les recours que peuvent opposer les Compa-
« gnies que le Conseil fédéral a declaré déchues de leurs Concessions. »

Tout le reste de la réponse de M. le Président Cérésole est conforme à ces débuts.

Il prétend qu'en retirant une ratification, le Conseil
fédéral a le droit d'annuler les Concessions données par
les Cantons, qu'une Compagnie ne peut plus continuer
l'exploitation d'un chemin de fer en Suisse, dès qu'une
ratification de concession est retirée; et il développe la
thèse de l'omnipotence absolue du pouvoir central
en matière de chemin de fer, surtout depuis la nouvelle loi du 23 décembre 1872, dont la Compagnie de la
Ligne d'Italie *doit* désormais subir les effets.

Il affirme qu'il est animé du même désir de conciliation que le Gouvernement français; mais il cherche à
démontrer dans toute sa Note qu'il n'y a d'autre conciliation possible que de subir, sans appel, l'exécution
ordonnée. Il serait heureux d'entrer, dit-il, dans la
voie d'une transaction, si une transaction quelconque
pouvait lui paraître *légalement possible* et PRATIQUEMENT
AVANTAGEUSE.

Mais toute proposition de transaction lui paraît une
atteinte portée à la souveraineté fédérale.

Il promet encore de sauvegarder *aussi complétement
que possible les intérêts divers engagés* dans la Ligne du
Simplon, « *il ne souffrira,* dit-il, *aucun acte qui ait le
caractère d'une* SPOLIATION » ; mais en même temps, il
s'efforce de soutenir que la dépossession est un fait
accompli, qu'elle résulte de décisions irrévocables, que
le Conseil fédéral entend faire exécuter sans réserve ni
sursis.

Lorsque l'on rapproche de cette déclaration de M. le
Président Cérésole, les documents, les projets, les trai-
tés secrets qui ont vu le jour au Grand Conseil du
Valais ou dans les journaux suisses, l'on est forcé de

reconnaître que certaines convoitises, certains intérêts privés, certaines combinaisons de Compagnies suisses. déjà publiées, certaines coalitions d'intérêts rivaux, certaines influences contraires aux intérêts français, ont pris une grande place dans ces revendications, dans ces actes arbitraires d'une Autorité *régalienne* qui prétend devoir dominer et annuler à sa volonté les Contrats les plus précis, les garanties les plus formelles d'une propriété créée avec des capitaux exclusivement français et italiens et SANS AUCUNE SUBVENTION SUISSE.

Que deviendraient les Traités internationaux, les relations entre les peuples, les conquêtes et les garanties du droit moderne, si le refus *de revenir* sur une décision arbitraire, et d'*entrer en discussion avec le Gouvernement français* au sujet des droits de ses Nationaux, pouvait être accepté?

Que deviendraient l'avenir et les droits de propriété des Chemins de fer en Europe, si les Contrats et les Concessions pouvaient toujours être soumis au bon plaisir d'une souveraineté absolue et changeante?

Que deviendraient aussi tous les grands intérêts européens attachés aux passages des Alpes, et notamment à celui du Simplon, si, malgré les stipulations les plus formelles et malgré les millions dépensés sous la foi de ces stipulations, il était permis à un Pouvoir *régalien* de fermer les ouvertures à travers les Alpes, de priver capricieusement les Nations des plus importantes voies de communication, de confisquer arbitrairement des propriétés aussi considérables et de sacrifier les droits privés et publics qu'elles représentent?

Lorsqu'il s'agit de la voie ferrée du Simplon, les abus d'une omnipotence arbitraire ont un caractère de gravité qui, par suite de l'exécution du Saint-Gothard, ne peut laisser indifférentes les Nations les plus intéressées à ce passage des Alpes.

Ces abus de l'arbitraire seraient extrêmement funestes aux intérêts commerciaux de ces Nations, ils peuvent aussi compromettre de la manière la plus désastreuse leur position et leur avenir politique.

La violence des attaques et des hostilités coalisées contre la Compagnie de la Ligne internationale du Simplon, l'injustice des préventions préparées et formulées contre elle, réclament la plus grande latitude pour la liberté si légitime de la défense; mais, c'est en affirmant de tout leur respect, pour les autorités suisses, que les défenseurs des intérêts, engagés dans le Simplon, remplissent les devoirs sacrés de cette liberté de défense.

III

La Suisse ne peut en aucun cas prendre possession des sections de la ligne du Simplon sur son territoire, sans payer au minimum le prix que ces sections coûteraient à établir.

En admettant que les nations les plus intéressées à la voie ferrée du Simplon, telle qu'elle est combinée, n'aient pas le droit d'être écoutées dans les conflits engagés ; en supposant que des motifs absolument impérieux de salut public, que la raison d'état en Suisse exigent, sinon justifient, la désorganisation de la Ligne internationale du Simplon et la dépossession de la Compagnie au profit de certaines combinaisons plus ou moins connues ; en supposant qu'il y ait péril extrême, préjudice désastreux pour la Suisse à attendre les délais d'acquisition prévus dans le Cahier des charges, la question du prix d'acquisition et de l'indemnité à payer également fixées dans le Cahier des charges ratifié par l'Autorité fédérale, ne serait que la compensation bien légitime de la chose acquise ; ce ne serait *qu'une plaie d'argent* pour la Suisse, qu'une dette sacrée, que ni la justice ni la raison d'état ne sauraient dénier.

Il est absolument impossible d'admettre que le bon

plaisir de l'arbitraire, des prétextes de procédure puissent suffire non-seulement pour oublier les délais fixés par les Contrats, mais aussi pour changer une dépossession en véritable spoliation, s'affranchissant ainsi de payer le prix d'une aussi importante propriété.

D'après le Cahier des charges et les lois Suisses sur les chemins de fer, le minimum de l'indemnité à payer à la Compagnie en cas de rachat, même après quatre-vingt-dix-neuf ans révolus, est le montant du prix que coûterait à l'époque du rachat l'établissement du chemin de fer, par conséquent c'est une vingtaine de millions qui seraient dus actuellement.

Si la raison d'Etat, fort peu d'ailleurs en harmonie avec le droit moderne de toutes les nations civilisées, lorsqu'il s'agit d'un Contrat librement consenti et ratifié, peut excuser la violation des stipulations de délais et des garanties de juridiction assurées par ce Contrat, il fallait tout d'abord offrir aux propriétaires de la Ligne d'Italie de leur payer leur propriété dans les conditions du minimum de ce que coûterait actuellement l'établissement des sections construites du chemin de fer du Simplon.

Cette solution, même avec de telles offres, serait certainement contraire aux intérêts des nations intéressées au maintien et à l'achèvement de la Ligne entière, mais on aurait ainsi prouvé que la question d'argent et de bénéfice n'entrait pour rien dans la question d'Etat.

Si l'on désirait, en Valais ou à Berne, pour quelle que cause que ce soit la transformation de la Compagnie, pourquoi ne pas accepter et favoriser la transformation proposée, que l'on savait d'ailleurs appuyée par des puissances financières de premier ordre? Pourquoi repousser absolument toute transformation qui serait préparée ou consentie par les propriétaires de la Ligne?

C'était cependant la meilleure preuve à donner que l'on ne voulait « *souffrir aucun acte qui ait le caractère d'une spoliation* » ainsi que le déclare le Président du Conseil fédéral dans sa réponse au Gouvernement français.

Mais vouloir obtenir la dépossession de la Compagnie par voie d'une adjudication, dont la souveraineté *réga-*

lienne se réserve de régler selon son bon plaisir les conditions et sans même consulter les propriétaires, imposer de plus à cette adjudication des conditions qui éloignent les acquéreurs, n'est-ce pas préparer une indemnité négative ou tout au moins illusoire, n'est-ce pas consommer une confiscation déguisée, n'est-ce pas réaliser une annexion tout à fait inusitée en temps de paix, une annexion très-peu en rapport avec la civilisation moderne?

L'insistance absolue que l'on met depuis quelque temps à préparer cette adjudication dérisoire, les complications et les procédés employés pour en régler souverainement les conditions, démontrent que les droits des propriétaires sont absolument méconnus et sacrifiés.

Par suite, les propriétaires de la Ligne du Simplon ne sont-ils pas autorisés à considérer cette expropriation forcée et ce parti pris de mise en adjudication de leur propriété comme une véritable spoliation ou tout au moins comme une dépossession, sans aucune des garanties du droit et de la justice?

Ces propriétaires ne peuvent donc consentir à une semblable mise en adjudication; et, si les garanties des traités internationaux, la juridiction stipulée dans les ·Contrats avec les Autorités suisses, les engagements pris, les promesses faites, ne sont pas de vains mots, si le droit moderne ne doit pas rétrograder jusqu'au despotisme de la force, jusqu'au temps de la barbarie : c'EST A UN TRIBUNAL EUROPÉEN qu'il appartiendra de juger cette voie de fait arbitraire, cette confiscation déguisée et de régler en dernier ressort les droits de la Compagnie.

Les chemins de fer représentent par analogie les flottes commerciales.

Qu'elle est donc la nation qui pourrait admettre la confiscation d'une flotte commerciale dans un port étranger? Quel est le Gouvernement qui n'aurait pas le droit de réclamer contre la confiscation régalienne d'un chemin de fer construit avec les millions de ses nationaux, alors d'ailleurs, que les chemins de fer représentent dans le progrès moderne la liberté du commerce et lesdroits internationaux de circulation et de transit?

Aussi, d'après plusieurs discours éloquents prononcés tout dernièrement au Grand Conseil du Valais, on peut voir combien les Suisses qui sont impartiaux trouvent naturelles et légitimes les revendications et les réserves formelles du Gouvernement français, *au sujet des intérêts considérables engagés dans la voie ferrée du Simplon.*

IV

. Il importe tout d'abord d'indiquer sommairement quelles sont les conditions actuelles de la Ligne Internationale d'Italie par le Simplon.

La Ligne internationale d'Italie par le Simplon comprend deux cent vingt kilomètres, dont quatre-vingts kilomètres sont déjà en exploitation productive, et trente kilomètres sur lesquels les travaux sont assez avancés.

Cette Ligne, qui réunit aux réseaux de l'Italie ceux de la France et de la Suisse, s'étend depuis la frontière française, depuis le Lac de Genève jusqu'à l'extrémité méridionale du Lac Majeur près de Milan; elle passe dans la vallée du Rhône entre les Alpes pennines et bernoises, rencontre au milieu de son parcours le col du Simplon qu'elle traverse au niveau de la plaine.

La chaîne des Alpes, qui sépare l'Italie de l'Europe centrale, forme autour du Piémont, de la Lombardie et de la Vénétie un vaste circuit d'environ mille kilomètres sur une moyenne de deux cents kilomètres de large.

Les principaux passages des Alpes sont dans le Tyrol, dans la Suisse et dans la Savoie.

Dans le Tyrol, le Brenner est déjà traversé par un Chemin de fer qui se dirige vers Munich, par conséquent, vers Berlin et Vienne, et donne à l'Autriche avec le Semmering deux importantes voies ferrées dans les Alpes.

En Suisse, on distingue le Splügen, le Bernardin, le

Lukmanier et le Saint-Gothard, qui traversent les Can-
tons allemands et se dirigent vers l'Allemagne; puis le
Simplon et le Saint-Bernard qui viennent à travers la
Suisse française rejoindre les voies ferrées de la France.

Dans la Savoie, le Chemin de fer du Mont-Cenis
réunit, au sud, les réseaux français à ceux de l'Italie.

Il a été bien longtemps question d'adopter le Lukmanier pour rejoindre la vallée du Rhin; mais le Saint-
Gothard a été définitivement choisi par la Prusse, comme
étant plus rapproché de la France et comme devant donner de ce côté une plus vaste étendue à la zône straté-
gique et commerciale de l'Allemagne.

Lorsque l'on examine toutes les études et toutes les
cartes qui ont été faites pour indiquer la zône du Saint-
Gothard, on demeure convaincu que le Mont-Cenis
serait bien insuffisant pour lutter contre le Chemin de
fer du Saint-Gothard, notamment au sujet du transit de
la Malle des Indes et de toutes les éventualités straté-
giques sur l'Italie.

Si le Simplon était fermé ou livré à l'influence de
l'Allemagne, ne serait-il pas à craindre, comme on l'a
dit, que presque toute l'Europe ne devint bientôt fatale-
ment tributaire de la Prusse.

Le Chemin de fer du Simplon est absolument nécessaire pour donner à la France sa part légitime dans le
grand transit du côté de l'Italie; il étend sa zône
commerciale vers l'Allemagne occidentale, la Belgique,
la Hollande, l'Angleterre, et il donne à la France le parcours le plus économique et le plus court vers l'Italie et
vers l'Orient.

Mais si le Simplon était fermé ou s'il appartenait à
l'influence allemande, la moitié de la France, l'Angleterre, la Belgique, la Hollande comme l'Allemagne occidentale seraient tôt ou tard à la merci des tarifs imposés
par l'omnipotence prussienne.

Une semblable situation ne serait certainement ni
équitable ni logique et ne saurait être acceptée par les
nations de l'Europe.

Si l'on jette les yeux sur une carte où se trouve le bassin de la Méditerranée, la mer Rouge, le golfe Persique, la mer Caspienne et la mer Noire, l'on constate facilement le rôle immense des passages des Alpes dans les nouvelles conditions faites à l'activité, à la puissance humaine par l'établissement des voies ferrées.

Milan est un point central d'où rayonnent les principales lignes vers l'Orient; celle de Constantinople qui tôt ou tard ira rejoindre la mer Noire, la mer Caspienne, et la Perse; et celle à travers l'Italie jusqu'à Brindisi, passage obligé de la Malle des Indes et qui va rejoindre vers l'Orient, deux grandes voies de communication : 1° la voie maritime de l'Isthme de Suez, cette splendide conquête des temps modernes; 2° la voie de l'Euphrate en partant d'Alexandrette pour rejoindre le golfe Persique, suivant l'ancienne ligne commerciale de Bagdad, qui fut pendant tant de siècles une des grandes sources de richesses de l'Europe.

Si Milan est le point le plus central, au Nord de l'Italie, des voies de communication vers l'Orient, il est bien certain que la Ligne la plus courte et la plus facile comme exploitation entre Paris, Bruxelles, Londres et Milan, est la voie ferrée du Simplon.

La nécessité de l'ouverture des Alpes au Simplon par un Chemin de fer au niveau de la plaine, les avantages européens de cette voie ferrée dans les conditions internationales constituées avec trente millions français, sont parfaitement connus et appréciés par tous les esprits sérieux.

Mais ce n'est que par le maintien des droits acquis et de la constitution internationale de cette Ligne, que la voie ferrée du Simplon peut conserver l'ensemble si nécessaire à l'avenir de tous les graves intérêts attachés à l'achèvement de cette grande artère internationale.

La Compagnie de la Ligne internationale d'Italie possède actuellement :

1° Les Concessions de son réseau, à partir de la frontière française à Saint-Gingolph, dans la Haute-Savoie, traversant, en longeant le Rhône, la Suisse française en

Valais, et s'étendant en Italie jusqu'à Arona, dans la province de Novare, à l'extrémité méridionale du Lac Majeur, ou la Ligne d'Italie se relie aux réseaux italiens, comme elle se soude aux réseaux français, directement par la Chablais et à Pontarlier par l'Ouest-Suisse.

2o — Le droit à différents embranchements sur le parcours des 220 kilomètres de la ligne-mère, parmi lesquels il en est un qui deviendrait l'un des principaux affluents de a voie prussienne du Saint-Gothard,

3° — De *Saint-Gingolph au Bouveret sur le Lac de Genève*, 4 kilomètres à terminer, sur lesquels il a été déjà dépensé un million environ,

4o — Du *Port du Bouveret à Sierre*, 80 kilomètres de voie ferrée en exploitation productive, pour le transport régulier des voyageurs et le trafic des marchandises, en correspondance directe et régulière 1o avec les bateaux à vapeur de la Compagnie, sur le lac de Genève, 2o avec les chemins de fer de l'Ouest-Suisse qui s'y embranchent à Saint-Maurice, 3o avec les postes et les diligences fédérales, vers l'Italie en attendant le percement du Simplon,

5o — De *Sierre à Loëche*, 10 kilomètres en construction avancée, sur cette section, il y avait trois tunnels à ouvrir, deux sont complètement percés et les travaux du troisième avancés

6o — Les avantages et les bénéfices à recueillir, résultant pour la Compagnie des Conventions avec l'État du Valais, chargé de la construction combinée avec l'endiguement du Rhône, des 19 kilomètres de *Loëche à Viège*, moyennant une contribution pécuniaire de la Compagnie, fixée dans les Contrats à 12,000 francs par kilomètre, tout compris.

7o — Les travaux d'art et de terrassements sur les 12 kilomètres de *Domo-d'Ossola à Pidi Muliera*, qui n'attendent plus que la pose des rails

8o — Le droit aux subventions des provinces et aux prestations des Communes sur les 47 kilomètres à construire de *Pi di Muliera à Arona*,

9o — Le matériel fixe et roulant de la voie ferrée, les approvisionnements, les ateliers et tout ce qu'ils comportent :

10o — Une flottille de transport sur le Lac de Genève, composée de 3 bateaux à vapeur et de 7 bâtiments à voiles, faisant le service régulier de Genève au Bouveret et *vice-versa*, en correspondance directe avec la voie ferrée du Simplon, en desservant les principaux ports de la rive française et de la rive vaudoise du Lac de Genève et correspondant avec les chemins de fer de Genève à Lyon et Bordeaux et de Genève à à Mâcon, Paris-Calais

11o — Les cautionnements déposés par la Compagnie, les terrains expropriés et payés.

Les comptes annuels de la partie exploitée, voie ferrée et navigation, se balancent avec un excédant important de recettes, augmentant encore chaque année.

En attendant le percement du grand souterrain de plaine à plaine, la Compagnie a le droit d'établir sur la magnifique route carrossable du Simplon, un chemin de fer de montagne. Pour cela, il suffira à la Compagnie d'autoriser l'application du système Fell ou tout autre système perfectionné, aux risques et périls de l'entrepreneur avec lequel la Compagnie se déciderait à contracter moyennant une redevance annuelle et temporaire qui cesserait à l'époque de l'achèvement du tunnel, ainsi que cela lui a été déjà proposé.

Comment accuser d'impuissance une Compagnie qui a déjà obtenu de tels résultats et qui n'est encore composée que d'associés ; comment contester qu'elle pourrait facilement dans cette situation se procurer plusieurs millions par voie d'emprunt comme toutes les autres Compagnies, ainsi du reste, que ses statuts l'y autosent ?

V

Devant l'importance des intérêts européens que représente la voie ferrée du Simplon et de toutes les questions d'un ordre si élevé qui s'y rattachent, les intérêts privés et les droits d'une Compagnie, même lorsqu'il s'agit de sept mille souscripteurs-propriétaires français, peuvent paraître s'amoindrir. Mais il y a nécessité de s'appesantir sur ces droits, de les protéger, car ils sont actuellement les seules bases sur lesquelles peuvent être maintenues les conditions d'exécution indispensables notamment aux intérêts français et italiens.

Il n'est donc pas indifférent de démontrer que la Compagnie a rempli tous ses engagements envers la Suisse, qu'elle n'est responsable d'aucun retard, que l'on ne peut lui enlever la garantie de la juridiction indépendante, stipulée dans les Contrats et que l'arbitraire *régalien* ne peut équitablement changer les stipulations sans lesquelles les capitaux français ne se seraient pas engagés au Simplon.

Malgré toutes les demandes de la Compagnie, les Experts fédéraux n'ont été envoyés que dans le second trimestre de 1870, pour les expropriations de la section des dix kilomètres que la Compagnie doit encore terminer elle-même en Suisse : elle ne pouvait donc pas avoir livré à l'exploitation en 1869, ainsi que le prétend le Conseil fédéral, cette section qui réclamait deux années même sans entraves, et sans les retards résultant du cas de force majeure prévu aux Contrats.

Pour les dix-neuf kilomètres que l'État du Valais est chargé de construire, il ne pouvait rien réclamer à la

Compagnie, tant qu'il n'avait pas épuisé les fonds appartenant à la Compagnie et qu'il a encore entre les mains.

Ce n'est certainement pas sur l'inexécution de ses propres engagements que l'Etat du Valais avait le droit de réclamer du Conseil fédéral, le retrait de la ratification qui d'ailleurs était définitive aux termes de la décision fédérale du 3 janvier 1870.

Depuis la guerre franco-prussienne, tout retard doit être complètement imputé aux Autorités suisses qui ont constamment paralysé la marche de la Compagnie.

Il faut singulièrement se défier des attaques si injustes qui sont formulées contre la Compagnie et ses défenseurs par ceux qui veulent la déposséder et changer les conditions si favorables aux intérêts français dans lesquelles se trouve cette entreprise.

Des documents authentiques démontrent que la Compagnie n'a manqué à aucun de ses engagements définis par les Contrats, et que c'est *comme* DROIT et non *comme* FAVEUR, qu'elle a réclamé l'exécution des stipulations de ces Contrats.

C'est pour le maintien de leurs droits incontestables et de la juridiction qui leur était garantie, que les sept mille souscripteurs français ont invoqué la protection du Gouvernement français.

La réalisation de la transformation de la Compagnie, si laborieusement préparée, l'achèvement des sections encore exigibles n'ont été retardés que par de véritables *dénis de justice* et par des hostilités et des exigences absolument contraires aux clauses des traités et aux droits acquis.

La Compagnie a toujours trouvé dans le Gouvernement italien la plus extrême bienveillance en présence des difficultés de tous genres qui avaient entravé sa marche pour l'achèvement de la Ligne entière.

Du côté de la Suisse, la Compagnie a terminé, sans aucune subvention, plus des deux tiers des sections obligatoires ; elle possède déjà quatre-vingts kilomètres de voie ferrée en exploitation très-productive ; elle a, en outre, exécuté des travaux importants, sur environ trente autres kilomètres en Suisse et en Italie. N'ayant pas de dettes et seulement des associés, il lui était bien facile, sans les difficultés suscitées depuis la guerre, de trouver le capital complémentaire par voie d'obligations ; d'autant plus que la Compagnie transformée devait compter dans un avenir prochain et plus que jamais sur le concours des Gouvernements intéressés à cette traversée des Alpes.

Sans toutes ces difficultés incessamment renouvelées depuis la guerre, il est certain que, par suite des efforts persévérants et de l'abnégation absolue des Administrateurs de la Compagnie, cette transformation était assurée dans les conditions les plus convenables pour sauvegarder les intérêts engagés dans la voie ferrée du Simplon et pour assurer l'achèvement et l'avenir de cette grande Ligne internationale avec les résultats les plus féconds pour la France, la Suisse et l'Italie.

Mais ce n'est pas avec la négation des droits acquis, avec la désorganisation des Concessions, avec le fractionnement des diverses sections de cette Ligne de chaque côté des Alpes, avec le régime de l'arbitraire pendant toute la durée des Concessions, que l'exécution de cette voie ferrée peut être assurée dans le préesnt et tous ses avantages internationaux développés et maintenus dans l'avenir.

Des révélations récentes produites au Grand Conseil du Valais et dans les journaux suisses ont fait connaître l'avenir et les combinaisons que l'on préparait au Simplon.

Pour atteindre ce but, il fallait discréditer la Compagnie, essayer de la désorganiser, l'amoindrir autant que possible en la personnifiant obstinément sur une seule tête, afin de pouvoir la frapper plus facilement; il fallait déconsidérer, par tous les moyens, cette personnification.

'Le but que se proposaient les compétiteurs de la Compagnie de la Ligne d'Italie, aspirant à l'héritage du Simplon, a été poursuivi avec une ténacité et des procédés arbitraires, des violences de langage peut-être sans précédent devant des intérêts aussi considérables.

Lorsqu'on se rappelle les emportements étranges de certains discours prononcés aux Chambres fédérales, et les violences mêlées de personnalités calomnieuses, de certains articles dont l'origine est connue, on a le droit de dire que ce n'est ni la logique, ni la justice qui les ont inspirés.

Ces attaques forment d'ailleurs un singulier contraste avec les éloges, les témoignages de reconnaissance solennellement et officiellement exprimés en Suisse pendant de longues années.

Les propriétaires actuels de la voie ferrée du Simplon qui ont foi dans l'avenir de cette Ligne internationale et qui n'ont pas oublié les persévérants efforts pour la réaliser, résistent à toutes les tentatives faites pour les désunir, et montrent plus de mémoire, plus de justice et de logique.

Ce n'est pas sans étonnement et sans une légitime inquiétude que l'on a remarqué les efforts tentés depuis quelque temps dans une partie de la Suisse pour enlever à cette Ligne le *nom* du Simplon, on retrouvera la même tendance dans la Note diplomatique du Président de la Confédération.

On affecte dans cette note d'appeler la Ligne Internationale d'Italie par le Simplon *le chemin de fer du Bouveret à Sierre*, en déclarant que c'est *improprement* que cette Ligne est qualifiée : Chemin de fer par le Simplon.

Cette restriction, reproduite dans un document officiel, a causé, dans une partie de la Suisse, une certaine émotion et de sérieuses inquiétudes, et il ne faut pas être étonné de tous les commentaires auxquels elle donne lieu et des réflexions qu'elle a motivées dans un discours prononcé au grand Conseil du Valais.

Quels avantages y aurait-il donc pour l'Europe, pour

la France, pour l'Italie, pour la Suisse elle-même, à ce que ce chemin de fer ne puisse plus s'appeler que le chemin de fer du Bouveret a Sierre, ainsi que paraît le désirer M. le président du Conseil fédéral, en lui ôtant son caractère international ?

En voulant restreindre cette grande entreprise pour en faire une annexe d'une Compagnie voisine, en retardant son achèvement, en changeant les conditions de sa réalisation, n'est-il pas à craindre que l'on aura ajourné indéfiniment cette ouverture des Alpes ?

Il n'est que trop évident que l'opinion publique a été trompée en Suisse.

Maintenant que l'on commence à connaître en Suisse les véritables motifs de la campagne contre les Concescessionnaires, propriétaires de la voie ferrée du Simplon ; maintenant que l'on sait par qui et pourquoi ont été trompées l'opinion publique et les Autorités helvétiques, il est permis d'espérer que la vérité et la justice trouveront dans la Suisse même, de nombreux défenseurs et que les véritables intérêts d'une loyale nation ne seront pas sacrifiés a des préventions injustes, à des calculs privés, à de mesquines combinaisons.

Il est permis d'espérer aussi que les autorités suisses, mieux renseignées sur les droits de la Compagnie, ne repousseront pas ses justes demandes appuyées par la protection du Gouvernement français et qu'elles ne désavoueront pas la déclaration suivante faite en leur nom par un conseiller fédéral, à la dernière inauguration d'une section du Chemin de fer du Simplon :

« La Confédération fera tout pour cette ligne, excepté une injustice. »

Des discours éloquents prononcés tout récemment au Grand Conseil du Valais, confirment d'ailleurs ces espérances et ils permettent de croire que la solution amiable réclamée par le Gouvernement français, rencontrera de plus en plus en Suisse des adhésions désintéressées et que la reconnaissance des droits acquis maintiendra les conditions si nécessaires à l'avenir de la Ligne internationale d'Italie.

VI

Ce n'est pas en 1873 que l'importance de la question du Simplon si bien reconnue à la Tribune et développée dans la presse en 1870, pourrait se trouver amoindrie.

Avant le mois de Juillet 1870, la question du Simplon, à la suite des discours du Reichstag pour le Saint-Gothard, préoccupa vivement l'attention publique. L'unanimité de la presse avait reconnu la nécessité de cette voie ferrée. Des délibérations motivées de Chambres de commerce, de patriotiques discours au Corps Législatif firent ressortir cette nécessité pour la France.

L'on n'a certainement pas oublié le projet de loi adopté par la Commission d'initiative parlementaire, approuvé par un premier vote de la Chambre des Députés au mois de juin 1870 et renvoyé aux Bureaux pour la rédaction définitive.

Il n'est pas inutile de citer ce Projet de loi avec l'exposé des motifs qui résume d'une manière si précise les avantages et la nécessité de l'achèvement de la voie ferrée du Simplon.

PROPOSITION ET PROJET DE LOI

TENDANT A ACCORDER, POUR LA TRAVERSÉE DU SIMPLON, UNE SUBVENTION ANNUELLE
DE QUATRE MILLIONS, PENDANT DIX ANS

Présentés par un groupe de Députés au Corps Législatif

Session de 1870

(Annexe au procès-verbal de la séance du 21 juin 1870.)

EXPOSÉ DES MOTIFS.

L'ouverture du Canal maritime de Suez a profondément modifié les conditions du transit entre l'Europe et l'Extrême-Orient. Chaque nation du continent européen a le plus haut intérêt à attirer sur son territoire la plus grande part du mouvement commercial qui doit en résulter,

La Prusse l'a bien compris : aussi a-t-elle provoqué le percement des Alpes, au Saint-Gothard, s'unissant à la Suisse, à l'Italie. au Wurtemberg, à Bade et à la Bavière, pour la création d'une voie ferrée destinée à relier les territoires allemands avec Trieste et Brindisi, ports appelés à devenir, avant peu d'années, les points de passages obligés entre l'Europe et l'Orient

Le Gouvernement français doit-il renoncer aux avantages que promet la communication directe des ports de la Manche à ceux de l'Adriatique? Peut-il hésiter à suivre l'exemple qui lui est donné, ne pas engager résolument la lutte sur le terrain pacifique et fécond où elle est portée, et ne pas conserver à la France sa part légitime dans cet immense courant économique.

Pour sauvegarder ces intérêts, il suffit de relier les lignes italiennes et les lignes françaises par le percement du Simplon et d'ouvrir au commerce du monde la ligne la plus courte et la plus directe entre le sud de l'Italie et Londres comme point extrême.

Confiants dans le patriotisme du Gouvernement et des Chambres, les soussignés ont l'honneur de déposer le projet de loi suivant

PROJET DE LOI.

ARTICLE PREMIER.

Un crédit annuel de quatre millions est affecté pendant dix ans au percement du Simplon, pour compléter la voie ferrée internationale qui relie les chemins de fer français, suisses et italiens par les vallées du Rhône et de l'Ossola.

ART. 2.

Le Gouvernement français réglera l'emploi de cette subvention. Il réserve expressément son intervention et sa sanction pour les tarifs de la traversée du Simplon.

Cette subvention de quatre millions pendant dix ans pouvait suffire pour assurer le percement du souterrain au niveau de la plaine et l'achèvement de la traversée des Alpes dans les conditions les plus heureuses et les plus fécondes pour la France, et il était alors permis d'espérer que, dès l'année 1878, les Alpes pourraient être franchies par la locomotive en moins d'une demi-heure.

Quelles immenses richesses, quelles conséquences splendides peut certainement ainsi donner à la France pendant des siècles, cette subvention, de quatre millions pendant dix années!

Avant la guerre, la France, la Suisse et l'Italie voulaient également le maintien de la Ligne entière du Simplon, telle qu'elle avait été combinée et qu'elle était composée par les diverses Concessions entre le Lac de Genève et l'extrémité méridionale du Lac Majeur près de Milan.

A cette époque aussi, la grande voie internationale du Simplon n'était pas menacée d'une désorganisation complète, elle n'était pas encore l'objet des hostilités violentes qui semblent vouloir fermer ce passage des Alpes ou lui enlever toutes les conditions favorables aux intérêts français (1).

(1) La Ligne d'Italie, avec toutes ses Concessions, se prolonge du côté de l'Italie de quatre-vingts kilomètres au delà du Simplon et, par conséquent, ne présente pas les difficultés d'exploitation signalées dernièrement à l'Assemblée nationale pour le Chemin de fer du Mont-Cenis, qui rencontre une Compagnie étrangère à douze kilomètres du souterrain.

On sait parfaitement en Suisse que le souterrain des Alpes au niveau de la plaine, *qui n'est possible qu'au Simplon* ne peut être percé qu'au moyen de la Subvention française, mais l'on espère sans doute obtenir cette Subvention lors même qu'on aurait confisqué les quatre-vingts kilomètres déjà en exploitation et qu'on aurait placé pour toujours cette voie internationale sous une législation nouvelle, entièrement contraire aux avantages que la France et l'Italie peuvent retirer du Simplon dans les conditions créées et maintenues jusqu'ici.

Trompées par des appréciations erronées, travaillées par des influences actives, circonvenues par des intérêts privés, sollicitées par des combinaisons de compagnies locales, entraînées par de faux calculs, les Autorités suisses n'ont pas assez examiné sur quelles garanties les capitaux français peuvent prendre encore la direction du Simplon et dans quelles conditions les Subventions de la France pourraient être accordées à cette ligne internationale.

Un examen plus approfondi de tout ce qui se rattache à la question du Simplon, la prise en considération de cette voie ferrée par les Députés à l'Assemblée nationale, le concours de la presse, la continuation de la protection du Gouvernement français peuvent encore réparer les erreurs commises, assurer le respect des Contrats et maintenir cette ligne dans les conditions les plus favorables à la France, à la Suisse et à l'Italie.

Lorsque la Ligne du Saint-Gothard sera ouverte, le mouvement des marchandises et des voyageurs, développé par le Canal de l'Isthme de Suez, aura trois grands debouchés allemands vers l'Europe centrale à travers les Alpes :

Le Semmering, le Brenner et le Saint-Gothard.

Il est bien évident que le Mont-Cenis si utile aux provinces méridionales de la France ne serait jamais la voie de la Malle des Indes, c'est-à-dire la voie la plus courte vers l'Orient.

L'abandon du Simplon et les changements qui sont actuellement combinés par la Suisse, au sujet de cette Ligne auraient comme résultat d'assurer au Saint-Gothard, un monopole désastreux pour le commerce français et pour les intérêts les plus considérables et les plus élevés de la France, de la Suisse et de l'Italie.

L'abandon du Simplon changerait l'axe du monde commercial. Il pourrait avoir pour conséquence d'isoler la France, de tarir l'une des sources les plus fécondes de la richesse nationale, de rendre les alliances plus difficiles, de diminuer son influence et de maintenir contre elle une barrière funeste sur le point central des Alpes, où peut s'ouvrir avec de si grands avantages pour elle, la plus belle, la plus courte et la plus facile voie ferrée pour franchir cette chaîne de montagnes au niveau de la plaine.

Les Notes diplomatiques publiées par les journaux suisses révèlent des tendances, des combinaisons, des hostilités qui peuvent modifier profondément les conditions et l'avenir de la voie ferrée du Simplon.

On voit aussi dans ces Notes diplomatiques avec quelle sollicitude le Gouvernement français s'est préoccupé des droits de ses Nationaux.

Mais il est facile de reconnaître que dans sa pensée les intérêts privés engagés dans cette question, sont dominés hautement par des intérêts d'un ordre bien supérieur qui ne peuvent manquer aussi d'appeler l'attention la plus sérieuse et les sympathies de tous les Députés à l'Assemblée nationale.

Leur patriotisme voudra certainement étudier la question du Simplon et seconder le concours donné par le Gouvernement aux intérêts français si considérables que représente cette voie ferrée à travers les Alpes.

VII

Le Simplon est aussi nécessaire à la France que le Saint-Gothard à l'Allemagne.

Les discours prononcés au Reichstag de l'Allemagne du Nord, en mai 1870 (1), et le vote à l'unanimité de la subvention pour le percement du Saint-Gothard, ont démontré l'importance que la Prusse et l'Allemagne attachent à la prompte exécution de cette voie ferrée à travers les Alpes.

Personne ne conteste que la voie ferrée du Saint-Gothard sera un des principaux éléments de la prospérité et de la grandeur de l'Allemagne.

Mais en se rappelant tout ce qui a été dit à la Tribune et dans la presse françaises et italiennes à la même époque, il serait difficile de ne pas reconnaître que l'exécution du Simplon est, tout au moins, aussi nécessaires aux intérêts commerciaux et politiques de la France et de l'Italie.

SÉANCE DU 24 MAI 1870.

Présidence de M le docteur Simson

(1) « **M. Delbruck, ministre d'Etat**. — L'établissement de communications rapides entre l'Allemagne et l'Italie par la Suisse, c'est-à-dire au moyen d'un passage des Alpes, est comme vous le savez, une œuvre projetée depuis longtemps, elle a pu subir bien des interruptions, mais elle a toujours été reprise avec une activité nouvelle.

« Lorsqu'on vint prier instamment le chancelier de notre Confédération de seconder l'entreprise, au moins en choisissant, parmi les différents projets, *la ligne la plus favorable* AUX INTÉRÊTS DE L'ALLEMAGNE, on ne mit pas davantage en doute que le Saint-Gothard, eu égard aux intérêts à satisfaire, était le chemin que l'on devait préférer

» On se prononça donc en ce sens , *et cette manifestation simultanée de l'Allemagne et de l'Italie a eu comme conséquence* D'ENGAGER LA SUISSE *a regarder le chemin du Saint-Gothard comme celui qu'elle devait soutenir de tous ses efforts*

« *Votre consentement doit donc assurer, dès maintenant, la réussite d'une œuvre qui, outre sa signification et son importance commerciales,* A SURTOUT UNE IMPORTANCE POLITIQUE *basée sur les rapports qui unissent l'Allemagne a la Suisse et a l'Italie*

« **M. de Sybel**. — Messieurs, je me permets de vous rappeler les débats qui ont eu lieu l'année dernière, dans la Chambre des députés prussiens, sur la question

Il était bien naturel que le Premier Ministre de Prusse portât son attention persévérante sur les nouvelles conditions que faisait au commerce de l'Europe l'ouverture du Canal de Suez et sur les conséquences que pouvait avoir pour l'avenir de l'Allemagne la nouvelle direction donnée au grand transit du monde par l'abandon du Cap de Bonne-Espérance et la jonction de la Méditerranée à la mer des Indes.

La pensée d'ouvrir à l'Allemagne au Saint-Gothard une issue dans les Alpes sur la Lombardie était bien digne du Ministre qui occupera une si grande place dans l'histoire de la Prusse.

L'on retrouve dans les discours prononcés au Reichstag par M. de Bismarck et par ses collègues, peu de temps avant la guerre, la preuve de toute l'importance qu'il attachait à cette voie du Saint-Gothard et cela à tous les points de vue de sa grande politique.

Mais tout ce qui, depuis quelques années, a été dit, fait et pensé en Allemagne et en Prusse au sujet de la voie ferrée du Saint-Gothard peut s'appliquer encore plus complétement dans l'intérêt des autres Nations à la voie ferrée du Simplon.

« qui nous occupe de nouveau L'appui que vous avez prêté alors à mon interpellation
« prouvait *qu'il ne s'agissait pas, dans votre conviction* D'UN PROJET DE CHEMIN DE FER
« ORDINAIRE, *mais d'une entreprise* D'UNE SIGNIFICATION INTERNATIONALE ET DE LA
PLUS HAUTE PORTÉE, *et certainement* D'UNE SUPREMATIE COMMERCIALE ET POLITIQUE,
« *si l'Allemagne* SE LIE AU-DELA DE SES FRONTIÈRES *avec la Suisse et l'Italie*

« *Il ne s'agissait pas seulement de nous assurer le trafic international des pays limi-*
« *trophes du Saint-Gothard, mais encore la* MAJEURE PARTIE DU COMMERCE UNIVERSEL
« DU LEVANT ET DES INDES auquel l'ouverture du Canal de Suez donne un nouvel essor.

« La voie ferrée des Alpes helvétiques qui doit faciliter ces relations, de la manière
la plus favorable *devait* SE CRÉER AVEC L'AIDE DE L'ALLEMAGNE *et* PAR UNE COOPÉ-
RATION ALLEMANDE *Il s'agissait de fournir une nouvelle preuve* DU CHANGEMENT
« DE PUISSANCE *que l'Allemagne du Nord doit aux événements de 1866.* Aujourd'hui,
Messieurs, le moment est venu de prendre une décision qui appelle à la vie cette
« grande œuvre.

.   .   .   .   .

« Je suis d'avis qu'au moment où le gouvernement de la Confédération du Nord,
« appuyé sur ce vote, aura adhéré au traité signé à Berne, entre la Suisse et l'Italie, *la*
« *position de l'Italie en cette affaire sera grandement fortifiée,* ET QUE DÈS LORS LE PARLE
« MENT ITALIEN RATIFIERA AUSSI CETTE CONVENTION QUE LE GOUVERNEMENT A SIGNÉE
« AVEC JOIE

.   .   .   .   .

« Personne de nous, Messieurs, ne voudra blâmer LA HARDIESSE *qui, pour la pre*
mière fois depuis 1866, depuis un siècle même, inspire l'Allemagne et l'engage dans une

Oui, l'achèvement des Chemins de fer du Simplon est absolument nécessaire aux intérêts de l'Italie, de la Suisse, de la France, de la Belgique, de la Hollande et de l'Angleterre.

Oui, le Simplon est pour la France tout au moins ce que le Saint-Gothard doit être pour l'Allemagne; et, de plus, la voie ferrée du Simplon peut être établie dans des conditions de supériorité providentielles qu'il serait vraiment insensé de sacrifier.

C'est avec une haute raison, une habile prévoyance que le Premier Ministre de Prusse a combiné et poursuivi pour l'Allemagne la réalisation du Chemin de fer du Saint-Gothard; mais c'est avec les mêmes motifs de prévoyance que la France doit vouloir l'achèvement de la voie ferrée du Simplon, telle qu'elle est actuellement combinée, c'est avec autant de haute raison que plusieurs Députés ont constaté qu'*abandonner le Simplon serait compromettre l'avenir du commerce français, que ce serait abandonner l'Europe à la Prusse.*

« *entreprise aussi grandiose,* EXÉCUTÉE AU-DELA DE SES FRONTIÈRES. Je ne méconnais pas
« qu'il est assez difficile, pour des hommes trop préoccupés de notre règlement, d'accorder
« au dernier moment de la session, *et sans examen préalable,* un crédit de cette impor-
« tance. Mais pesez les difficultés que le gouvernement de la Confédération du Nord a
« combattue. D'un côté, des délais fixés que nous devons maintenir envers l'Italie et la
» Suisse, et qui doivent être observés à cause de la souscription des capitaux privés,
« d'autre part, la nécessité de faire participer à la subvention, non-seulement la
« nation, mais aussi nos différentes Compagnies de chemins de fer qui ont un inté-
« rêt direct au succès de l'œuvre. *Ceci déjà justifie l'urgence*

. . . .

« Du reste, Messieurs, la question principale *n'était pas de savoir quels capitaux il
« fallait* pour construire un chemin de fer des Alpes, *mais de savoir les sommes néces-
« saires à l'exécution d'une voie toujours en état de servir à l'extension d'un trafic in-
« ternational* LE PLUS GRAND QUI PUISSE SE PRODUIRE »

. . . .

« Messieurs, même au dernier moment de cette session, déjà si digne d'attention,
« votez le projet de loi, AFIN QUE CE PARLEMENT ÉLÈVE A SA GLOIRE UN MONUMENT
« *qui durera plus que nous tous,*

« TENDONS *au peuple italien, pour lequel nous sommes animés de tant de sympathies
« historiques, notre main de fer sur les montagnes de la Suisse libre et neutre.*

SEANCE DU 2. MAI

« **Le Ministre d'Etat Delbrück** — Avant tout, je dois adresser mes remer-
« ciments au Reichstag, en constatant qu'aucune fraction de la Chambre ne fait oppo-
« sition au projet de loi

. . . .

C'est aussi avec autant de sagesse et de génie politique que le Gouvernement français protége en ce moment les droits acquis et les intérêts engagés dans la voie ferrée du Simplon.

La constitution, l'exécution, l'exploitation, la propriété de cette Ligne internationale dans les conditions les plus favorables à la France, à la Suisse et à l'Italie, sont les résultats des efforts les plus persévérants et du concours presque exclusif des capitaux français. Sacrifier les droits acquis, laisser déchirer les Contrats et livrer à des compétitions habiles, à des calculs mesquins, à des influences rivales, le sort et tout l'avenir de cette voie ferrée, serait compromettre les intérêts les plus sacrés, les plus sérieux, ce serait tomber dans la plus inexplicable défaillance, ce serait perdre un terrain que l'on ne pourrait plus regagner, ce serait renoncer à l'une des forces les plus nécessaires et les plus fécondes pour l'avenir, ce serait commettre une faute capitale dont la

---

Dans la séance du 2 mai, M. le Ministre d'État Delbruck *après avoir longuement* développé les avantages à tous les points de vue de la voie ferrée du Saint-Gothard pour l'Allemagne du Nord, disait en finissant

« Je crois qu'alors, sous l'impression que produirait un vote défavorable du Parle- « ment, l'exécution de l'œuvre serait gravement compromise.

« Je vous prie donc, Messieurs, dans l'intérêt, je ne veux pas dire de l'entreprise du « Saint Gothard, *mais dans l'intérêt d'un chemin de fer des Alpes qui, passant par la Suisse, unira l'Allemagne à l'Italie, de voter* PUREMENT ET SIMPLEMENT *le projet de « loi qui vous est présenté par le gouvernement de la Confédération du Nord.*

Après plusieurs orateurs le Chancelier de la Confédération comte de Bismark vient donner l'appui de son influence au projet de loi de subvention pour la voie ferrée du Saint-Gothard. Voici un extrait de son discours

« **Le chancelier de la Confédération, comte de Bismark.** — Messieurs, « les gouvernements de la Confédération du Nord *doivent être profondément convaincus que* DES NÉCESSITÉS POLITIQUES EXIGENT *la création d'une route directe reliant « l'Allemagne à l'Italie, d'une route qui ne dépende que d'un pays neutre comme la « Suisse, et ne soit pas entre les mains* D'UNE GRANDE PUISSANCE (Écoutez ! Écoutez !)

« Il a fallu de graves circonstances MUREMENT PESÉES, pour amener des gouverne- « ments au désir que j'indique, je pourrais même dire sans précédent, D'ENGAGER DES GOUVERNEMENTS VOISINS A PROPOSER UNE DEMANDE DE FONDS AUSSI CONSIDERABLES *pour « subventionner une ligne de chemin de fer* SEULE, *non seulement au dehors de la Con- fédération du Nord mais encore* EN DEHORS DE L'ALLEMAGNE. **Les** considérations qui « ont décidé les gouvernements à cette démarche inusitée sont, je le crois du moins, « *tellement exclusive*, elles ont été si bien examinées, *elles sont en partie de nature* TELLEMENT DELICATE, QUE JE VOUS PRIE, ENCORE UNE FOIS, DE ME DISPENSER DE VOUS « LES ÉNUMÉRER PUBLIQUEMENT (Très-bien ! Très bien !) »

France ressentirait les plus funestes effets, pendant plusieurs siècles ; — et, peut-être, à jamais.

Lorsque la voie ferrée du Simplon sera terminée avec son souterrain au niveau de la plaine, elle sera l'une des Lignes ferrées les plus productives de l'Europe. Car elle deviendra sans concurrence possible, la voie de communication préférée entre plus de cent millions d'habitants, la Ligne obligée et la plus directe de la Malle des Indes et le principal passage du grand transit de l'Orient.

La voie ferrée du Simplon avec les deux cents kilomètres de chemin de plaine traversant les Alpes, n'est pas seulement une source puissante de richesse commerciale pour toutes les nations qu'elle traverse ; elle est encore la garantie nécessaire de la neutralité de la Suisse et l'élément le plus indispensable au maintien de l'équilibre européen.

L'établissement de la route carossable du Simplon est considéré comme l'une des œuvres à la fois les plus

---

« *Vous n'ignorez pas que des efforts considérables sont tentés par différents États* « pour traîner la chose en longueur et tuer l'entreprise par des retards successifs. *Des* « *considérations et des intérêts puissants* ont été mis en avant auprès du Gouvernement « et des populations de l'Italie pour faire avorter le chemin du Saint-Gothard, et on a « nourri l'espoir que l'œuvre tout entière serait anéantie par le changement du terme « convenu d'abord avec l'Italie et la Suisse. Ces craintes ou ces espérances ne se sont « pas réalisées, parce que le Gouvernement Italien a comme vous le savez, prolongé le « délai primitivement fixe. Mais les événements qui se sont produits à cette occasion « démontrent qu'un délai nouveau et les conditions posées par M. le député Lasker « pour le consentement de la subvention pourraient toujours servir à faire avorter « l'entreprise. M. de Lasker dit que le prochain Parlement pourra toujours très-facile- « ment accorder un nouveau délai, s'il le juge convenable *Mais le prochain Parlement* « *n'exercera aucune influence sur les résolutions qui doivent être prises par les autres* « *gouvernements, ni sur l'activité que déploieront des influences diverses, dont le but nous* « *est trop connu.*

« Un examen des avantages que le Saint-Gothard présente sur le Splugen ou le « Splugen sur le Saint-Gothard, NE PEUT, A MON AVIS, ÊTRE PRIS EN CONSIDÉRATION « eu égard à *l'intérêt que l'Allemagne,* ET SURTOUT L'ALLEMAGNE DU NORD, *a dans cette* « *affaire.* (Très-bien ! Très-bien ')

« POUR NOUS, LE PRINCIPAL *est d'avoir une communication presque directe avec l'I-* « *talie* QUI EST NOTRE AMIE ET QUI, JE L'ESPÈRE, L'EST POUR LONGTEMPS. »

. . . .

C'est dans cette séance du 23 mai, que le projet de loi pour la subvention du Saint-Gothard, fut définitivement adopté à la presque unanimité.

Ce vote est suivi d'une vive agitation et la séance étant levée, M. le comte de Bismark est très-entouré et reçoit de chaleureuses félicitations.

C'était précisément dans ce mois de mai 1870, que les experts fédéraux depuis si longtemps réclamés, par la Compagnie, faisaient délivrer à la Compagnie de la Ligne du Simplon, les terrains indispensables à l'exécution du chemin de fer.

utiles et les plus glorieuses d'un grand génie au commencement de ce siècle. S'il est certain que la vapeur doit centupler les résultats d'une semblable voie de communication à travers les Alpes ; il est permis de dire que le Gouvernement et le Pouvoir législatif, en assurant le maintien et l'achèvement de cette grande entreprise : l'ouverture de cette merveilleuse voie de communication au centre des Alpes, auront créé une œuvre aussi féconde que grandiose ; et, comme le proclamait en d'autres termes, en 1870 au Reichstag, le rapporteur de la Commission prussienne pour le Saint-Gothard, *ils auront élevé à leur gloire un monument durable,* un souvenir de reconnaissance qui ne peut être oublié dans la postérité la plus reculée.

La réalisation de la voie ferrée du Simplon avec son souterrain au niveau de la plaine qui supprime les Alpes doit certainement, ainsi qu'on l'a déjà dit sous plusieurs formes à la Tribune et dans la presse, prendre place dans les plus magnifiques et plus fécondes conquêtes de la paix.

C'est une conquête qui donnera pour les nations qu'elle favorise une nouvelle source inépuisable de richesse et de prospérité.

C'est une conquête qui ne produit ni ruines, ni regrets, et qui sera peut être plus durable que toutes les conquêtes obtenues par la guerre au milieu des conflits et des bouleversements du dix-neuvième siècle.

RÉCAPITULATION DES CHAPITRES

Paris. — Imp. Wiesener, — Lutter et Cⁱᵉ, rue Delaborde, 36

126

9 782013 576635